BEI GRIN MACHT SICH IHR WISSEN BEZAHLT

- Wir veröffentlichen Ihre Hausarbeit,
  Bachelor- und Masterarbeit

- Ihr eigenes eBook und Buch -
  weltweit in allen wichtigen Shops

- Verdienen Sie an jedem Verkauf

Jetzt bei www.GRIN.com hochladen
und kostenlos publizieren

Migrationsrouten von Tieren am Beispiel der Vogelwanderung

Oliver Hack

Bibliografische Information der Deutschen Nationalbibliothek:

Die Deutsche Nationalbibliothek verzeichnet diese Publikation in der Deutschen Nationalbibliografie; detaillierte bibliografische Daten sind im Internet über http://dnb.d-nb.de abrufbar.

ISBN: 9783346752703
Dieses Buch ist auch als E-Book erhältlich.

© GRIN Publishing GmbH
Nymphenburger Straße 86
80636 München

Alle Rechte vorbehalten

Druck und Bindung: Books on Demand GmbH, Norderstedt Germany
Gedruckt auf säurefreiem Papier aus verantwortungsvollen Quellen

Das vorliegende Werk wurde sorgfältig erarbeitet. Dennoch übernehmen Autoren und Verlag für die Richtigkeit von Angaben, Hinweisen, Links und Ratschlägen sowie eventuelle Druckfehler keine Haftung.

Das Buch bei GRIN: https://www.grin.com/document/1262961

Friedrich Alexander Universität Erlangen

Naturwissenschaftliche Fakultät

Lehrstuhl für Physische Geographie

Hauptseminar Zoogeographie

Hausarbeit

SoSe 2022

Warum wandern Tiere

Wichtige Migrationsrouten am Beispiel der Vogelwanderung

vorgelegt von

Oliver Hack

Lehramt Gymnasium

4. Fachsemester

Abgabetermin: 22.6.2022

Abgabe : 21.6.2022

Inhaltsverzeichnis

Abbildungsverzeichnis

Tabellenverzeichnis

1 Unauffällige Tierwanderungen

Menschen mit Vögeln als Haustiere kennen dieses Phänomen vielleicht: Während dem Frühjahr und im Herbst fangen die meisten ihre gefiederten Freunde plötzlich an, mehr als sonst durch den Käfig zu fliegen oder zu hüpfen, je nach Art. Je nach Größe des eingezäunten Raums kann man sogar eine Richtung erkennen, in der sie sich bewegen wollen. Während ihre freilebenden Artgenossen je nach Kalenderdatum entweder Richtung Süden oder Norden fliegen, macht sich selbst bei einem im Käfig aufgewachsenen Vogel zur selben Zeit die Zugunruhe bemerkbar, selbst die Richtung stimmt. Doch es gibt auch noch andere Tierwanderungen, die wir nicht als solches auf dem Schirm haben: Beispielweise wandert jede Katze in ihrem Revier die Gärten ab. Oder man sieht im Frühjahr in den Nachrichten wieder Bilder von Heuschreckenplagen aus Ostafrika (Abbildung 1), die des Hungers wegen über ganze Landschaften ziehen und alles wegfressen, was sie denn bekommen können und mögen.

Anmerkung der Redaktion: Abbildung wurde aus urheberrechtlichen Gründen entfernt.

Abbildung 1: Heuschreckenplage in Ostafrika (Spiegel) (2020)

Das bekannteste Beispiel sind wir aber selbst. Der Mensch wandert praktisch sein ganzes Leben und die Menschheit selber ist bekannterweise aus Afrika über Europa auf die anderen Kontinente gewandert. Die Vogelwanderungen sind natürlich das bekannteste Beispiel der Tierwanderung hier in Deutschland, doch es gibt auch viele weitere, meist unbekannte, Formen davon. In der vorliegenden Arbeit geht es um die Tierwanderung an sich und wird immer spezifischer auf Beispiele zugespitzt. Im Mittelpunkt dieser Arbeit steht die Frage, welche Arten von Tierwanderungen es gibt, bevor man spezifischer auf die Vogelwanderung eingeht. Im Rahmen dieser Hausarbeit soll beispielsweise analysiert werden, welche Methoden die Vögel benutzen, sich zu orientieren, dass sie jedes Jahr tausende Kilometer nach Norden bzw. Süden fliegen können. Teilweise kehren sie sogar auf genau denselben Baum wieder zurück. Zur Beantwortung der aufgeworfenen Fragen wird in dieser Arbeit wie folgt vorgegangen: Zunächst erfolgt die Klärung, weshalb Tiere überhaupt wandern (Kap 2). Die Formen der Tierwanderung werden in Kapitel 3 vorgestellt. Danach gehen wir etwas spezifischer auf den Vogelzug ein (Kap 4), mit den Formen des Vogelzugs und die schon erwähnte spannende Frage der Orientierung. Zum Schluss (Kap 5) wird der Weißstorch (*Ciconia ciconia*) als genaueres Beispiel betrachtet und seine Migrationsroute mit tödlichen Gefahren analysiert. Diese Arbeit basiert im allgemeinen Teil auf der Grundliteratur für Tierwanderungen. Das große Buch der Tierwanderungen von Orr, Revierverhalten und Wanderung der Tiere von Weismann und Tierwanderungen von Dröscher, da sie die anderen Literaturen zusammenfassen bzw. dort auch nur als Quelle angegeben werden. Zu den spezifischeren Beispielen kommend, werden dann aber auch anderen Quellen erläutert.

2 Warum wandern Tiere

2.1 Nahrungsabhängig (alimentär)

Viele der zahllosen Tierarten, die auf Wanderschaft gehen, machen dies, um Nahrung aufzutreiben. Diese Ursache der Wanderung nennt man alimentär (Orr (1971): 29). Gerade bei Vögeln ist dieser Grund weit verbreitet, weshalb sie im Herbst Richtung Süden aufbrechen. Insekten und Käfer der meisten Arten gibt es bei uns im Winter nicht, die Vögel müssen praktisch fliehen, um zu überleben. So beschreibt Prof. Dr. Sudhaus die Wanderung als Überlebensstrategie, dass beispielweise die Nahrung zu knapp werden kann, weshalb die Tiere fortgehen. (Sudhaus (1982): 1). Diese Ursache kann jahreszeitlich oder saisonal bedingt sein. Manche Vogelarten, wie der Eichelspecht (*Melanerpes formicivorus)* sammeln aber auch im Herbst selber Nahrung, die sie dann über den Winter bringen, sodass sie nicht fliegen müssen (Abbildung 2).

Anmerkung der Redaktion: Abbildung wurde aus urheberrechtlichen Gründen entfernt.

Abbildung 2: Der Specht (*Melanerpes formicivorus*) während seiner Nahrungssicherung (Quora) (2021)

Ein Beispiel für alimentäre Wanderbewegungsarten findet man beispielsweise bei der Bergwachtel (*Oreortyx pictus*), die im Herbst die Gebirgsläufer hinunterzieht, unterhalb der Schneegrenze, um fressen zu können. (Orr (1971): 32) (Abbildung 3).

Anmerkung der Redaktion: Abbildung wurde aus urheberrechtlichen Gründen entfernt.

Abbildung 3: Bergwachtel (*Oreortyx pictus*) (Zootierliste) (o.J.)

2.2 Fortpflanzungsabhängig (gametisch)

Neben der alimentären Wanderursache gibt es gametische Ursachen, die Fortpflanzungs-abhängigen. Diese gelten neben den Hauptwanderursachen alimentär und klimatisch zu den weit verbreiteten. (Orr (1971): 35). Bei dieser Wanderart gibt es keinerlei Nahrungs-ursprüngliche Fortbewegung, die Tiere wollen meist dorthin wieder zurück, wo sie selbst geboren wurden, zumindest in dieselbe klimatische Umgebung. Das bekannteste Beispiel gibt es bei den Meeresschildkröten (*Cheloniidae*). Die Tiere dieser Population paaren sich im Wasser, doch die Eierablage findet von den Weibchen immer an den warmen (sub-)tropischen Stränden statt (Hempel et. al. (2006): 147). Es werden bis zu 1000 Eier abge-legt, woraus dann die Jungen nach etwa zwei Monaten schlüpfen und sofort Richtung Meer wandern (Orr (1971): 36). Das kann als alimentär verstanden werden, doch eine klarere Vermischung der beiden Wanderursachen findet man bei den pazifischen Lachsen (*Oncorhynchus spp.*) (Abbildung 4).

Anmerkung der Redaktion: Abbildung wurde aus urheberrechtlichen Gründen entfernt.

Abbildung 4: Lachse (Oncorhynchus spp) bei der Wanderung (Wanderfisch) (o.J.)

Lachse wandern mehrere hundert Kilometer aufwärts, um ihre Eier abzulegen (Krogmann (1960): 165), dabei springen sie die Flüsse förmlich hinauf (Abbildung 4). Dies ist ein klarer gametischer Vorgang. Danach schwimmen die Fische, sowohl die Alten als auch die nach einiger Zeit geborenen Jungtiere, Richtung Meer, um Nahrung zu finden. Das ist klar alimentär.

Von diesen beiden Faktoren nicht klar abzugrenzen, aber jedoch wichtig zu nennen, sind die klimatischen Ursachen. So gibt es Untersuchungen, dass sich klimatisch geeignete Areale für zahllose Pflanzen und Tierarten um hunderte Kilometer in Europa verschieben werden (Marita et al. (2016): 2), was natürlich im großen Rahmen auf die Nahrungssuche der Tiere Einfluss nehmen wird, weshalb sie dann auch vermehrt, oder vermindert, ali-mentär wandern gehen werden. Das ist der Grund, weshalb man dieses nur schwer mit den beiden großen Ursachen trennen kann, jedoch wird dieses Phänomen mit dem Kli-mawandel immer größere Auswirkungen haben.

3   Formen der Tierwanderung

Im folgenden Kapitel werden die verschiedenen Formen der Tierwanderung beschrieben, die Dröscher in seinem Buch schön abgebildet hat (Abbildung 5).

Als Erstes beschreibt er die Pendelwanderung, die häufigste Art der Wanderung. Bei dieser unternehmen die Tiere regelmäßige Wanderungen zwischen zwei bestimmten Plätzen hin und her. Das ist auch die bekannteste Wanderung bei unseren Zugvögeln, manchmal kehren sie im Frühjahr sogar auf genau denselben Baum wieder zurück, von dem sie losgeflogen sind. Ein bekanntes Beispiel sind Fledermäuse (*Microchiroptera*), die vom Sommer ins Wintergebiet fliegen und dabei teilweise 1500 km zurücklegen (Dröscher (2004): 6). Eine Sonderform ist hier der Schleifenzug, wenn die Tiere nicht denselben Hinweg wie Rückweg nehmen. Die nomadische Wanderung wird von den Tierarten ihr ganzes Leben lang betrieben und zeigt eine Wanderung, die von Ort zu Ort wandert, ohne festes Ziel. Beispiele hierzu sind die Wellensittiche (*Melopsittacus undulatus*) und die Treiberameise (*Doryl sp*), aber auch Elefanten (*Elephantidae*) gehören dazu (Dröscher (2004): 6). Nicht zu verwechseln ist hier die Territorialwanderung, die z.B.: von Zwergmangustengruppen (*Helogale*) ausgeübt wird. Diese wandern innerhalb ihres Territoriums herum, weil die Nahrung an einem Ort beispielsweise irgendwann zuneige geht. Die Fluchtwanderung bzw.

Anmerkung der Redaktion: Abbildung wurde aus urheberrechtlichen Gründen entfernt.

Invasion kann man als irreguläre Wanderung beschreiben, also als Wanderung, die nicht vorherzusehen, plötzlich aufgetreten ist. Bei dieser Wandertypen Art treten Tierarten plötzlich in andere Gebiete ein und siedeln sich dort an. „Jedes Jahr ist Deutschland das Ziel mehrerer Invasionen" (Dröscher (2004): 6) beschreibt Dröscher und nennt die Seidenschwänze (*Bombycilla garrulus*) als Beispiel. Häufig hat dieser Typ eine Übervermehrung im alten Gebiet als Ursache. Ein weiteres populäres Beispiel ist der Kuhreiher (*Bubulcus ibis*), der Anfang des 20. Jhd. in Afrika ortstypisch war, mittlerweile aber in Mittelamerika und Europa zu finden ist (Orr (1971): 23). Der letzte große Wandertypus sind wir Menschen, die Ausbreitungswanderung. Die

Abbildung 5: Wandertypen (Dröscher) (2004)

Indikatoren hierzu sind, dass wir ein angeborenes Verlangen dazu haben, neue Gebiete zu suchen und zu besiedeln, (Dröscher (2004): 7) bald ist ja auch der Mars an der Reihe (Zakharov (o.J.)). Es ist bisher so weit erforscht, dass der Mensch als Homo Sapiens von Südafrika über Europa. Nach Asien und zum Schluss nach Amerika und Australien ausgewandert ist (Metzger (2015)).

Man erkennt an diesen Wandertypen gut, dass es so gut wie für jedes Tier eine Wanderung gibt, die man diesem zuordnen kann. Es gibt so gut wie keine Tiere, die nicht zumindest ein bisschen auf Wanderschaft sind. Selbst, wenn sie wie die Wanderameise ihr ganzes Leben lang herumlaufen, gibt es einen Typus dafür. In den nächsten Kapiteln wird es nun spezifischer um den Vogelzug gehen, den bekanntesten Zug, zumindest hier in Deutschland. Wie in der Einleitung schon erwähnt, wer Vögel als Haustiere halten darf, kennt das Phänomen nur zu gut. Kommendes Kapitel werden die verschiedenen Formen des Vogelzugs erläutert, danach geht es kurz um den Handflügenindex, ein Index, der die Weite des Vogelfluges des Individuums zu erahnen vermag. Anschließend kommt der spannendste Teil dieser Arbeit, wie sich die Vögel denn orientieren.

4   Der Vogelzug

4.1   Die Formen des Vogelzugs

Es gibt unter der Vogelwanderung einige Arten, die man voneinander abtrennen muss, wenn man über sie spricht. Auch hier ist Dröscher mit seinem Buch Tierwanderungen die bedeutendste Quelle. Standvogel oder auch Nichtzieher werden diese Vogelarten genannt, die immer relativ nah am Brutgebiet bleiben. Beispiel hierfür ist der Uhu (*Bubo bubo*) oder der Haussperling (*Passer domesticus*) (Dröscher (2004): 10). Diese Art von Vögeln sind auf relativ enge Muster von Umweltfaktoren fixiert über lange Zeiträume, im Vergleich zu den Ziehvögeln (Berthold (1982): 14), da sie ja meist in ihrem Territorium oder noch enger leben. Der Strichvogel streift immer etwas umher, doch bleibt meist dort, wo Wetter und Nahrung günstig sind. Ein Beispiel ist hier der Graureiher (*Ardea cinerea*) (Dröscher (2004): 10), der nur bei absoluten Wintereinbrüchen mal Richtung Süden zieht. Der Teilzieher ist insoweit besonders, als das nur ein Teil der Population der Art wegfliegt. Am Beispiel des Girlitzes (Serinus). kann man es schön verdeutlichen, dieser hat seit 1800 sein Brutgebiet vom Mittelmeerraum Richtung Norden ausgedehnt. Im Mittelmeerraum war er höchstens ein Teilzieher, eher ein Standvogel, doch die nördlicheren Artgenossen wurden zu reinen Zugvögeln (Berthold (2001): 151). Ein anderes Beispiel sind Amseln (*Turdus merula*), die städtischen Genossen bleiben hier, die, die im Wald leben, sind Zugvögel (Dröscher (2004): 10). Invasionsvögel heißt die Form des Vogelzugs, bei dem die Flieger als riesige Schwärme unterwegs sind. Beispiel hierfür sind Stare (*Sturnus vulgaris*) in Abbildung 6.

Anmerkung der Redaktion: Abbildung wurde aus urheberrechtlichen Gründen entfernt.

Abbildung 6: Vogelmuster (Spiegel) (2013)

Zum Schluss werden alle Zugvögel in 3 Formen klassifiziert, in Kurzstreckenzieher, Mittel- und Weitstreckenzieher. Beispielhaft für die erste Form ist der Mäusebussard (*Buteo*

Buteo), für die Mitte die Rotkehlchen (*Erithacus rubecula*) sowie für den Weitstreckenzieher der Fitis (*Phylloscopus trochilus*) (Dröscher (2004): 10). Im Volksmund werden die Vögel je nach Winterstandort den Formen zugeordnet, Nordafrika den Kurzziehern, Mittelafrika den Mittelziehern und Südafrika den Weitstreckenziehern. Im kommenden Abschnitt wird der Handflügelindex genauer beschrieben, eine andere Art wie man die Vögel klassifizieren kann.

4.2 Handflügelindex

In der Abbildung 7 kann man sehen, wo sich die beiden Komponenten dieses Indexes unterscheiden, die Handschwinge und die Flügellänge.

Anmerkung der Redaktion: Abbildung wurde aus urheberrechtlichen Gründen entfernt.

Abbildung 7: Handschwinge und Flügellänge am Beispiel-Vogel (Dröscher) (2004)

Wie schon erwähnt, bringt dieser Index einen Hinweis auf die Zugaktivität des Vogelindividuums. Der Index berechnet sich aus der prozentualen Größe der Handschwinge auf die ganze Flügellänge. Genauer gesagt multipliziert man den Abstand der ersten Handschwinge von der Flügellänge mal 100 und teilt das dann durch die Gesamtlänge des gefalteten Flügels. Je höher der ermittelte Wert, desto höher der Index. Beispielsweise hat der Standvogel Zaunkönig (*Troglodytes. Troglodytes*) einen Index von 16, und der Weitstreckenzieher Mauersegler (*Apus apus*) einen Wert von 72,3 (Dröscher (2004): 12). Wie man in Abbildung 8 auch sehen kann, ist die Handschwinge bei dieser Art prozentual sehr groß im Vergleich auf die ganze Flügellänge.

Anmerkung der Redaktion: Abbildung wurde aus urheberrechtlichen
Gründen entfernt.

Abbildung 8: Mauersegler (apus apus) (LBV) (o.J.).

Dieser Index gibt aber wie beschrieben nur einen Hinweis auf die Weite des Fluges, als
Regel kann man dies nicht benennen. Ein Gegenbeispiel zeigen die Amseln (*Turdus merula*) (Indexwert 25) und die Wasserralle (*Rallus aquaticus*) (Indexwert 28), was nach
dem Indiz ein Hinweis sein müsste, die Ralle eigentlich besser bzw. weiter fliegen müsste,
was aber nicht der Fall ist (Kipp (1959): 81).

Im Folgenden geht es darum, wie sich die Vögel orientieren, um ans Ziel zu gelangen. Es
werden erst die Tagzieher und im Anschluss die Nachtzieher analysiert. Dazu werden die
Experimente anhand Abbildungen verdeutlicht.

4.3   Wie sich die Vögel orientieren

4.3.1 Tagzieher

Einige Vogelarten ziehen am Tag los, um ihr Winterquartier aufzusuchen. Diese nennt
man Tagzieher (Berthold (1978)). Seit Jahrhunderten tummelten sich Mythen und Mög-
lichkeiten, wie sich denn die Vögel zu orientieren vermögen, dass sie die richtige Richtung einschlagen, bis der Ornithologe Gustav Kramer ein Experiment mit Staren (*Sturnus
vulgaris*) wagte. (Weismann (1978): 114). Er bemerkte meine in der Einführung bespro-
chene Beobachtung an Käfigvögeln und brachte die Stare in einen Rundkäfig. Diesen
hatte er so umgebaut, dass er von unten alles beobachten konnte, was im Käfig vor sich
ging. Außerdem baute er Fenster, mit der Möglichkeit sie abzudunkeln, und Spiegel an
diesen an. Dadurch konnten die Stare die Sonne sehen, aber nicht den Horizont (Weismann (1978): 114).

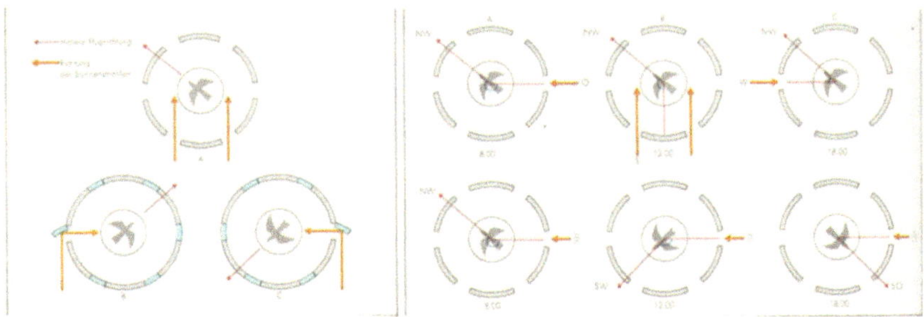

Abbildung 9: Kramer Versuch: Ergebnisse visualisiert (Weismann) (1978)

In der Abbildung 9 kann man die Ergebnisse sehen, die Kramer aus dem Experiment herausgezogen hat. Links oben sieht man, dass die Vögel, als die Sonne von der unteren Seite in den Käfig hereintrat, sich von dieser Richtung aus nach oben-links bewegten. Als Kramer dann die Sonne aus einer anderen Seite mit den Spiegeln eintreten ließ, folgten die Tiere dieser Veränderung und behielten die vorne-links Richtung bei. Das kann man als ersten Beweis verstehen, dass die Vögel sich an der Sonne orientieren (Weismann (1978): 115). Doch da die Sonne den Tag über über den Himmel „wandert", müssten die Tiere das ja mit einberechnen. Deshalb hat er sich auch diesen Sachverhalt angeschaut, was man in der Abbildung 8 rechts sieht. In der oberen Zeile sieht man die Ergebnisse ohne extra Spiegel, Abdunkelungen oder ähnliches. Und tatsächlich bewegen sich die Vögel immer Richtung NW, obwohl die Sonne ihre tageszeitliche Richtung verändert. Obwohl das schon Indizien genug wären, hat Kramer den Versuch noch etwas modifiziert, indem er Spiegel so platzierte und die anderen Seiten abdunkelte, dass die Sonne trotz tageszeitlicher Wechsel immer von rechts in den Käfig fiel. Und die Ergebnisse spiegeln wider, dass die Tiere so taten, als würden sie die Tageszeit insoweit mit einberechnen, als sie denselben Winkel vom Sonnenstand je nach Tageszeit flogen, als wäre der Sonneneinstrahl aus dieser Richtung normal um diese Tageszeit. Das kann man sehen, indem man auf der rechten Seite der Abbildung 8 die beiden Reihen miteinander vergleicht. Um 12 flogen die Vögel mit den modifizierten Strahlen nach SW, um 18 Uhr nach SO. Das nimmt man als endgültigen Beweis dafür, dass sich Tagzieher wie die Stare (*Sturnus vulgaris*) an der Sonne orientieren (Weismann (1978): 117). Selbst wenn es bewölkt ist, können die Tiere die UV-Strahlung durch die Wolken sehen und wissen, wo es lang geht.

4.3.2 Nachtzieher

Die meisten Vögel ziehen aber nachts los, unbemerkt. Das Pendant zu den Tagzieher sind die Nachtzieher, welche sich nicht an der Sonne orientieren können. Dazu gibt es auch ein wichtiges Experiment, das von dem Ehepaar Sauer (Weismann (1978): 117). Sie fingen Klappergrasmücken (*Sylvia curruca),* die eigentlich Tagvögel sind, doch in der Wanderzeit zu Nachtzieher werden. Das Paar brachte einen Haufen solcher Exemplare in ein nahegelegenes Planetarium in Bremen, wo sie mit dem künstlichen Sternenhimmel testen wollten, welche Reize die Nachtzieher wahrnehmen für ihre Wanderung (Weismann (1978): 118). Als das Planetarium den Himmel über Berlin um ca. 23 Uhr wiedergibt, fangen die Tiere auch tatsächlich an im Planetarium Richtung Südwesten zu fliegen. Als der Nachthimmel um 1 Uhr um 45 Grad weitergewandert ist bleibt sie auch der Richtung treu, es wäre ja genauso in der realen Welt passiert. Doch auch als der Himmel für Stunden genau dieselben Sterne zeigt, verwirrt das den Vogel nicht, er rechnet sogar mit, welche Uhrzeit gerade zu sein scheint und verändert seine Route von selber, und zwar korrekt (Weismann (1978): 118). Auch als Sauer beginnt einzelne Sterne abzudunkeln fliegt das Tierchen weiter, erst als alle Sterne erloschen sind, kehrt Ruhe im Planetarium ein. Als sie Tage später den Himmel von Israel zeigen, womit die Vögel ihren Kurs auf Süden verändern, was ihre Artgenossen in freier Natur auch machen würden, ist der Beweis perfekt, dass sich die Tiere an den Sternen orientieren. Später wurde das Experiment mit der Gartengrasmücke (*Sylvia borin*) und der Mönchsgrasmücke (*Sylvia atricapilla*) ausgeführt, wo dasselbe Ergebnis erzielt wurde. Dieses Experiment hat jedoch ein paar negative Schlagzeilen hervorgebracht, zu kritisieren war, dass beispielsweise nur mit wenigen Versuchstieren gearbeitet wurde. Außerdem wurde durch das Experiment nicht klar, was passiert, wenn die Sterne durch z.B. Bewölkung nicht mehr zu sehen sind (Weismann (1978): 119). Das wird im Folgenden erläutert.

Da Vögel auch bei bewölktem Nachthimmel fliegen, muss es noch einen anderen Hinweis als die Sterne auf die Orientierung dieser Tiere geben. Viele Experimente haben sich dieser Frage angeschlossen und sind alle auf ein Ergebnis gekommen, dass die Tierchen tatsächlich das Magnetfeld der Erde erkennen und dem folgen können. „Schon 1855 meinte deshalb der baltische Vogelforscher Alexander von Middendorf [...]: ‚Der Vogel ist durch und durch ein Magnet'" (Weismann (1978): 119). Auch hier möchte ich ein Experiment mit heranziehen, das beweist, dass sich die Vögel tatsächlich auch der Magnetfeldlinien bedienen. Dazu nehme ich das Experiment von dem Biologen F. W. Merkel (Weismann (1978): 118 ff.). Dieser brachte zugunruhige Rotkehlchen (*Erithacus rubecula*) in einer von ihm konstruierte Stahlkammer, die aus zwei gleichen Räumen bestand. Die Stahlwände schwächten die Magnetfeldlinien von 0,41 Gauß auf 0,14 Gauß ab (Weismann (1978): 121). Zur Orientierung: Der niedrigste Magnetwert der Erde liegt bei 0,3.

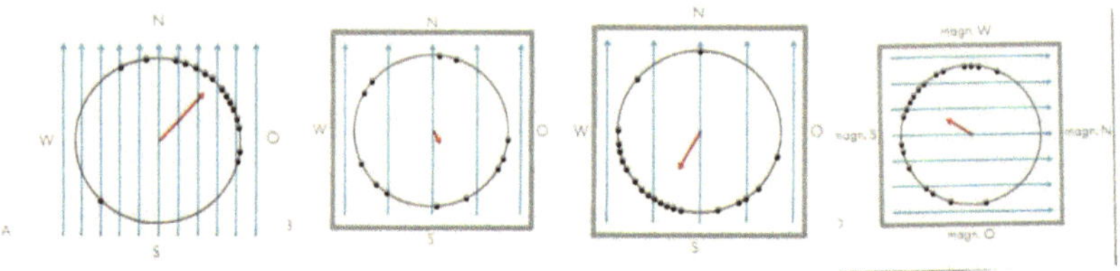

Abbildung 10: Merkel Versuch: Ergebnisse visualisiert (Weissmann) (1978)

In der Abbildung 10 kann man die Ergebnisse dieses Experimentes visualisiert betrachten. Das Erste Bild von links zeigt die Richtung, die die Vögel unter normaler Magnetfeldstärke 0,46 Gauß eingeschlagen hatten, Nord-Osten, der Zeitpunkt war da also Frühjahr. Im Herbst hat man die Rotkehlchen also in diese Stahlkammer gesetzt, wo sie erstmal keine klare Richtung eingeschlagen hatten (Bild 2). Erst nach einer gewissen Zeit haben die Tiere auch in dieser schlechten magnetischen Wirkung ihre Richtung nach Süd-Westen eingeschlagen, so wie die frei lebenden Artgenossen bei der Wanderung. Das zeigt ein klares Zeichen dafür, dass die Tierchen die Magnetstrahlung als Hilfe bei der Orientierung nehmen. Außer die Magnetfeldlinien hatten sie nichts in der Stahlkammer, trotzdem haben sie im Mittel die richtige Richtung gewählt. Anschließend wurden die Kehlchen in die andere Kammer gebracht, in welcher mit Spulen ein um 90 Grad gedrehtes künstliches Magnetfeld aufgebaut wurde. Das letzte Bild in Abbildung 9 zeigt, wie die Magnetfeldlinien von links nach rechts gehen. Hier haben die Vögel den Ergebnissen nach im Mittel auch die Süd-West Richtung eingeschlagen. „Damit war bewiesen, dass Rotkehlchen [...] bei ihrer Richtungsorientierung während der Zugunruhe das Erdmagnetfeld benutzen" (Weismann (1978): 121).

In diesem Kapitel konnte man die unterschiedlichen Methoden sehen, mit denen sich die Vögel auf Wanderschaft orientieren. Laut einigen Aussagen können Vögel sogar die Magnetfeldlinien der Erde sehen (Terra X (2017)). Generell ist die Vogelwanderung ein sehr unterschätztes Unterfangen, welches viel Kraft braucht und an welchem man die Fortführung bzw. die Weitergabe der DNA schön beobachten kann. Selbst Vögel, die nur im Käfig aufgewachsen sind haben diesen Urinstinkt zu Wandern, die Eltern nehmen es nie mit, es muss immer alleine zurechtkommen und den Weg finden, und meistens schafft es dies auch. Im kommendem Kapitel wird über die Migrationsroute des Weißstorchs (*Ciconia ciconia*) berichtet, sowie über die Gefahren, die diese Wanderung mit sich bringt.

5 Eine Migrationsroute am Beispiel des Weißstorchs (*Ciconia ciconia*)

5.1 Überlebenswahrscheinlichkeit des Weißstorchs (*Ciconia ciconia*) auf seiner Route

In diesem Kapitel wird es um den Weißstorch (*Ciconia ciconia*), um seine Migrationsrouten und die Gefahren auf dieser gehen. Hierfür wird vor allem die Studie von Wikelski „Neue Daten zu den Wanderungen europäischer Tiere" genutzt.

„Störche sind traditionell sehr gut untersucht" (Wikelski (2017): 13) beschreibt Wikelski und hat dabei recht. Jeder, der in seiner Umgebung ein Storchennest bewundern darf, hat bestimmt schon mal eine Storchenberingung (Abbildung 11) beobachten dürfen.

Anmerkung der Redaktion: Abbildung wurde aus urheberrechtlichen Gründen entfernt.

Abbildung 11: Storchenberingung (nabu Bergenhusen) (o.J.)

Mittlerweile werden die meisten Vogelarten jedoch nicht mit Ringen, sondern mit kleinen GPS-Sendern ausgestattet, die sogar sekundengenau die Geschwindigkeit und die Position der Tiere übermitteln können (Müller et al.(1998): 778). In der besagten Studie wurde analysiert, dass Zugvögel vor allem im Winter eine höhere durchschnittliche Überlebenswahrscheinlichkeit haben als Standvögel, analysiert wurde das mit Amseln (*Turdus merula*) (Abbildung 12).

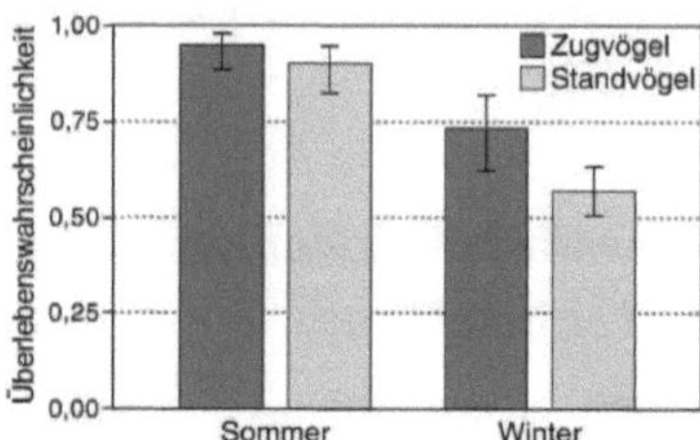

Abbildung 12: Durchschnittliche saisonale Überlebenswahrscheinlichkeit (Sommer und Winter) wandernder und nicht wandernder Amseln (*Turdus merula*) über 6 Jahre am Bodenanrück (Bodensee) (Wikelski) (2017)

In der Abbildung 13 kann man die Wanderroute eines Storches sehen, der von 1994 bis 2006 beobachtet wurde. Interessant ist hier zu sehen, wie viele Punkte auf die Karte von 2005 bis 2006 eingezeichnet sind im Vergleich zu 1994-1995, woran man den technischen Fortschritt sehen kann.

Anmerkung der Redaktion: Abbildung wurde aus urheberrechtlichen Gründen entfernt.

Abbildung 13: Zugwege des Weißstorchs (*Ciconia ciconia*) "Prinzesschen" während 6 Überwinterungsphasen (gestrichelte Linie bis Dezember, durchgezogene Linie ab Januar) in den Jahren 1994 bis 2006. Die Punkte bezeichnen tatsächlich geortete Koordinaten, die Striche dienen lediglich als Lesehilfe (Wikelski) (2017)

Man kann eine Route über den Osten Europas erkennen, über Griechenland und manchmal über die Balkanstaaten in die Türkei, worüber sie dann nach Afrika einfliegen. Es gibt auch eine westliche Route, doch die wird erst später genauer analysiert. Auf dieser östlichen Flugroute, die neben den Störchen viele anderen Vögel nehmen, gibt es nämlich viele Probleme, die die Studie auch analysiert hat. Sie hat sich 137 Störche genauer an-geschaut und hat als Ergebnis bekommen, dass von diesen nur 29 lebend zurück nach Deutschland kamen. Es gibt eine Reihe von tödlichen Gefahren auf dieser Route, die in Tabelle 1 dargestellt sind. Neben der Haupttodesursache „Stromschlag" (26 Todesopfer) werden viele „eventuell von Tieren erbeutet" (15), doch die meisten werden abgeschossen (6), auf der Müllkippe gefunden (11), verschwinden (13) oder haben unbekannte Todes-ursachen (28). Der Verdacht liegt nahe, dass diese Tiere alle im Norden von Afrika ab-geschossen wurden, und im Kochtopf gelandet sind, für kommerzielle Zwecke. (Wikelski (2017): 26). Die Ostroute wird häufig auch als Todesroute bezeichnet (Terra X (2017)), da Vögel in der Afrika-Region weit verbreitet als Delikatesse gelten. Deshalb werden sie oft eingefangen oder direkt erschossen.

Wie schon erwähnt gibt es aber auch eine westliche Route, die die Vögel nehmen, um nach Afrika zu kommen, diese ist in Abbildung 14 auf der rechten Seite dargestellt. Auf

Tabelle 1: Gründe für das Ausscheiden von Weißstörchen (Ciconia ciconia) aus den besenderten Populationen entlang der östlichen Flugroute nach Afrika (stand 30.06.16) (Wikelski) (2017)

Ursachen für das Ausscheiden aus der Population	Status
Noch lebend	29
Tod durch Kollision	2
Tod durch Ertrinken	2
Tod durch Stromschlag	26
Tod durch andere Verletzung	6
Auf Müllkippe gefunden	11
Eventuell von Tieren erbeutet	15
Tod durch Abschuss	4
Krankheit	1
Unbekannte Todesursache	28
Verschwunden	13
Gesamt	137

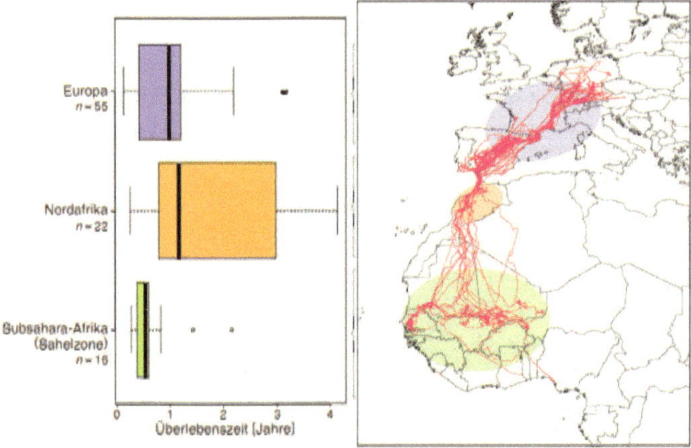

Abbildung 14: Überlebenszeit von Weißstörchen (*Ciconia ciconia*) nach dem lug in ihr Überwinterungsgebiet in Europa, Nordafrika und westafrikanischen Ländern südlich der Sahara (Wikelski)(2017)

dieser Route fliegen sie über Westfrankreich durch Spanien nach Marokko. Dort gibt es weniger Abschüsse dieser Tiere, weshalb dort auch mehr überleben (Wikelski (2017): 17). Das Paper hat sich auf diese Route im Detail angeschaut, wo genau die Tiere denn die größten Überlebenschancen haben. Das sieht man auf der linken Seite in der 14. Abbildung. Die größte Überlebenszeit hatten und haben demnach Störche, die nach Nordafrika gezogen sind, also die Sahara noch nicht überquerten. Als schlechtestes Ziel summierten die Analysten die Überlebenschancen in westafrikanischen Ländern südlich der Sahara, der Sahelzone. Das kann man damit begründen, dass die Tierchen auf ihrer Reise teilweise sogar ihre inneren Organe dafür aufzehren, dass sie ans Ziel kommen (Terra X (2017)). Da ist die Sahara Wüste meist zu weit und trocken, die Tierchen schaffen den Weg einfach nicht. Nicht ganz so schlecht, aber noch lange nicht so gut wie in Nordafrika analysierten die Forscher die Überlebenschancen für die, die in Europa überwintern. Vermutlich macht hier das Wetter den Meisten doch zu sehr zu schaffen, sie erfrieren oder verhungern dort. Im Folgenden wird die Route des Storchs mit 3 anderen ausgewählten Vogelarten verglichen, danach folgt das Fazit dieser Hausarbeit.

5.2 Vergleich mit anderen Wanderrouten

Anmerkung der Redaktion: Abbildung wurde aus urheberrechtlichen Gründen entfernt.

Abbildung 15: Verschiedene Wanderrouten vom Hausrotschwanz (*Phoenicurus ochruros*), Star (*Sturnidae*), Rauchschwalbe (*Hirundo rustica*), und Weißstorch (*Ciconia ciconia*) abgebildet auf einer Weltkarte ((Plicht) (2018)

In Abbildung 15 sind die vier ausgewählten Tierarten mit ihrer Wanderroute auf einer Weltkarte abgebildet. Der schon bekannte Weißstorch (*Ciconia ciconia*) Route ist die längste aller, hier ist die Ostroute abgebildet. Interessant ist es, dass keine der anderen Vögel diese Route nimmt. Die Rauchschwalbe (*Hirundo rustica)* findet ihr Ziel zwar dort, wo der Storch auch lang muss, jedoch fliegt sie über Italien und dem Mittelmeer. Der Star (*Sturnidae*), sowie der Hausrotschwanz (*Phoenicurus ochruros*) nehmen die westliche Flugroute über Italien, doch während der Rotschwanz dort auch bleibt, flattert der Star bis nach Nordafrika. Die beiden Arten kann man als Kurzstreckenzieher einordnen, da sie nicht weiter als Nordafrika anpeilen. Der Weißstorch ist klar ein Weitstreckenzieher, sein Ziel ist wie bekannt Südafrika. Die Schwalbe kann man zu den Mittelstreckenziehern zählen.

6 Fazit

In dieser Arbeit wurde der Frage nachgegangen, warum Tiere überhaupt wandern und was populäre Wanderrouten für die Vögel sind. Tiere wandern ihr ganzes Leben lang, sehr viele von ihnen von uns unbeachtet. Dabei nutzen sie die unterschiedlichsten Hintergründe als Motiv, sei es Hunger oder die Fortpflanzung. Manche, wie der Lachs (*Salmonidae*), wandern wegen Beidem. Dazu kommen immer mehr die klimatischen Hintergründe, z.B. dass das Futter sich durch die Klimaerwärmung anders verbreitet, was natürlich auch eine Verbindung auf die Fressfeinde dann haben wird. Doch die bekannteste Wanderung hier in Deutschland sind die Vögel, die im Herbst Richtung Süden und im Frühjahr wieder zurück zu uns fliegen. Diese Zugunruhe haben sogar im Käfig aufgewachsene, es ist ihnen wohl angeboren. Die Strapazen, die die Artgenossen in der freien Natur auf sich nehmen, sind für uns unvorstellbar. Doch die bewundernswerteste Eigenschaft wissen wir meist gar nicht, wie sie sich denn orientieren. Tagzieher orientieren sich an der Sonne und berechnen sogar die Tageszeit mit ein, weil die Sonne ja am Horizont wandert über einen Tag. Nachtzieher hingegen brauchen nur den Polarstern und wenige andere Sterne, um ihren Weg zu finden. Nach einigen Experimenten zufolge können sie sogar das magnetische Feld der Erde nutzen, um sich zu orientieren. Doch es gibt viele Gefahren für sie, eine hohe Prozentzahl der Aufbrecher kommen im neuen Jahr nicht mehr zurück. Gründe dafür sind zum Beispiel Stromleitungen, natürliche Fressfeinde, sowie Menschen, die sie abschießen, um sie zu verkaufen. Gerade wenn die Tierchen über die Türkei nach Afrika einfliegen sind sie der Gefahr sehr ausgesetzt. Manche Vögel fliegen aber gar nicht diese Route, sie fliegen über Italien und dem Mittelmeer oder fliegen gar über Spanien nach Westen und von dort nach Afrika. Dabei zehren sie teilweise sogar einzelne Organe auf, um an ihr Ziel zu kommen. Viele, die den Weg über die Sahara Wüste nach Südafrika wählen, sterben durch Erschöpfung und fallen vom Himmel.

Es ist ein bisher noch nicht ganz vollständig erforschtes Gebiet, doch die Technik ließ uns in den letzten Jahren große Fortschritte machen. Tierwanderungen geben uns einen Hinweis, wie wir Menschen handeln bzw. auf was wir achten sollten. Dass wir Menschen auch einer Tierwanderung unterstellt sind, ist von vielen unbekannt. Und doch macht es Sinn, es sich vor Augen zu führen, was die Tierchen so leisten. Die angeborene Wanderung ist ein Wunder der Natur, dem wir mehr Aufmerksamkeit schenken müssen. Wir freuen uns doch alle, wenn im Frühjahr die ersten Vögel wieder das Zwitschern beginnen, wenn es allmählich wärmer wird. Vielleicht hatte dieser Vogel gerade eine Weltreise hinter sich.

Literaturverzeichnis

Berthold, Peter (1978): Die quantitative Erfassung der Zugunruhe bei Tagziehern: Eine Pilotstudie an Ammern(Emberiza). Online verfügbar unter: https://link.springer.com/article/10.1007/BF01643210 (19.6.2022)

Berthold, Peter (1982): Endogene Grundlagen der Jahresperiodik yon Standvögeln und wenig ausgeprägten Zugvögeln. OURNAL FüR ORNITHOLOGIE. Band 123. Springer Verlag. Online verfügbar unter: https://link.springer.com/content/pdf/10.1007/BF01644145.pdf (19.6.2022).

Berthold, Peter (2001): Vogelzug: eine neue Theorie zur Evolution, Steuerung und Anpassungsfähigkeit des Zugverhaltens. Deutsche Ornithologen-Gesellschaft/Blackwell Wissenschafts-Verlag, Berlin. Online verfügbar unter: https://link.springer.com/content/pdf/10.1007/BF01651453.pdf (19.6.2022)

Böttcher, Marita et al. (2016): Biotopverbund Nordwest: Der Beitrag der Raumordnung. POSITIONSPAPIER AUS DER ARL. AKADEMIE FÜR RAUMFORSCHUNG UND LANDESPLANUNG. Hannover. Online verfügbar unter: https://www.econstor.eu/bitstream/10419/144812/1/865526168.pdf (19.6.2022)

Dröscher Vitus (2004): Tierwanderungen. Band 77. Was ist Was. Tessloff Verlag. Nürnberg.

Hempel, Gotthilf. **Bischof**, Kai. **Hagen** Wilhelm (2006): Faszination Meeresforschung. Ein ökologisches Lesebuch. 2. Auflage. Springer Verlag. Online verfügbar unter: https://link.springer.com/book/10.1007/978-3-662-49714-2 (19.6.2022)

Kipp, Friedrich A. (1959): Der Handflügelindex als flugbiologisches Maß. Vogelwarte 20.

Krogmann, Willy (1960): Das Lachsargument. Vandenhoeck & Ruprecht (GmbH & Co. KG). Online verfügbar unter: https://www.jstor.org/stable/pdf/40848051.pdf?refreqid=excelsior%3Ac0bc5cd937ad8316d95770ed64468397&ab_segments=&origin=&acceptTC=1 (19.6.2022)

Metzger F. (2015): Mehrmals „Out of Africa"? Homo sapiens' Ausbreitung. Geschichte. URL:https://www.g-geschichte.de/fruehgeschichte/mehrmals-out-of-africa/

Orr Robert(1970): Das große Buch der Tierwanderungen. Motive-Orientierung Verhalten. Passau.

Pflicht Christine (2018): Diagramme im Unterricht. Explorative Studien zum Lesen von statistischen Repräsentationen im Biologieunterricht. URL: https://core.ac.uk/download/pdf/212115205.pdf (19.6.2022)

Sudhaus, Walter (1982): Evolutionsbiologische Aspekte von Tierwanderungen. Biologie in unserer Zeit. Nr.3. Verlag Chemie GmbH.

Terra X. (2017): Der geheime Trick der Zugvögel. Youtube. URL: https://www.youtube.com/watch?v=a_HMqQw3KnE&t=270s (19.6.2022)

Weismann Eberhard (1978): Revierverhalten und Wanderung der Tiere. Otto Maier Verlag Ravensburg. Band 8.

Werner, Müller. Frings, Stephan. Möhrlen,Frank (2018): Tier- und Humanphysiologie. Eine Einführung. Springer Spektrum. 6. Auflage. Heidelberg. Online verfügbar unter: https://link.springer.com/content/pdf/10.1007/978-3-662-58462-0.pdf (19.6.2022)

Wikelski Martin (o.J.): Neue Daten zu den Wanderungen europäischer Tiere. Pfeil Verlag. URL: https://www.pfeil-verlag.de/wp-content/uploads/2017/11/5_30_03_WI.pdf. (19.6.2022)

Zakharov (o.J.): Das Projekt "Mars One". Online verfügbar unter: https://earchive.tpu.ru/bitstream/11683/64407/1/conference_tpu-2015-C22_p411-412.pdf (19.6.2022)

Abbildung 1: Heuschreckenplage

Autor unbekannt. (2020): Heuschreckenschwarm von der Größe des Saarlands zieht über Ostafrika her. Spiegel Wissenschaft. URL: https://www.spiegel.de/wissenschaft/natur/ostafrika-schlimmste-heuschreckenplage-seit-25-jahren-a-8368cf46-2272-4c61-97b5-9f902657c229 Fotorechte: Njeri Mwangi/ REUTERS (19.6.2022)

Abbildung 2: Sprecht

Schulz, Luise (2021): Was ist das Besondere an Spechten?. Quora. URL: https://de.quora.com/Was-ist-das-Besondere-an-Spechten (19.6.2022)

Abbildung 3: Bergwachtel

Autor unbekannt. (o.J.): Bergwachtel. Zootierliste. URL: https://www.zootierliste.de/?klasse=2&ordnung=212&familie=21202&art=2090106 (19.6.2022)

Abbildung 4: Lachs

Autor unbekannt. (o.J.): Wanderschaft. Wanderfisch. URL https://www.wanderfisch.info/wanderschaft. Fotorechte: 123rf (19.6.2022)

Abbildung 5: Wandetypen

Dröscher V.B (2004): Tierwanderungen. Band 77. Was ist Was. Tessloff Verlag. Nürnberg.

Abbildung 6: Vogerlmuster

Autor Unbekannt (2013): Starenschwärme fliegen zurück nach Europa. Spiegel Wissenschaft. URL: https://www.spiegel.de/wissenschaft/natur/zugvoegel-tausende-stare-fliegen-im-schwarm-zurueck-nach-europa-a-880036.html Fotorechte: DAVID BUIMOVITCH/ AFP (19.6.2022)

Abbildung 7: Handschwinge

Dröscher V.B (2004): Tierwanderungen. Band 77. Was ist Was. Tessloff Verlag. Nürnberg.

Abbildung 8: Mauersegler

Autor unbekannt. (o.J.): Mauersegler. LBV. URL: https://www.lbv.de/ratgeber/naturwissen/artenportraits/detail/mauersegler/. Fotorechte: Zidened Tunka (19.6.2022)

Abbildung 9: Kramer versuch: Ergebnisse visualisiert

Weismann E. (1978): Revierverhalten und Wanderung der Tiere. Otto Maier Verlag Ravensburg. Band 8. Seite 116

Abbildung 10: Merkel versuch: Ergebnisse visualisiert

Weismann E. (1978): Revierverhalten und Wanderung der Tiere. Otto Maier Verlag Ravensburg. Band 8. Seite 122

Abbildung 11: Storchenberingung

Autor unbekannt. (o.J.): Storchenberingung. NABU Trebur. URL: https://www.nabu-trebur.de/projekte/artenschutz-konkret/storchenberingung/ (19.6.2022)

Abbildung 12: Durchschnittliche saisonale Überlebenswahrscheinlichkeit

Wikelski M. (o.J.): Neue Daten zu den Wanderungen europäischer Tiere. Pfeil Verlag. URL: https://www.pfeil-verlag.de/wp-content/uploads/2017/11/5_30_03_WI.pdf. Seite 15. (19.6.2022)

Abbildung 13: Zugwege des Weißstorchs (Ciconia ciconia) "Prinzesschen"

Wikelski M. (o.J.): Neue Daten zu den Wanderungen europäischer Tiere. Pfeil Verlag. URL: https://www.pfeil-verlag.de/wp-content/uploads/2017/11/5_30_03_WI.pdf. Seite 15. (19.6.2022)

Abbildung 14: Überlebenszeit von Weißstörchen

Wikelski M. (o.J.): Neue Daten zu den Wanderungen europäischer Tiere. Pfeil Verlag. URL: https://www.pfeil-verlag.de/wp-content/uploads/2017/11/5_30_03_WI.pdf. Seite 17. (19.6.2022)

Abbildung 15: Verschiedene Wanderrouten

Pflicht Christine (2018): Diagramme im Unterricht. Explorative Studien zum Lesen von statistischen Repräsentationen im Biologieunterricht. URL: https://core.ac.uk/download/pdf/212115205.pdf Seite 114. (19.6.2022)

Tabelle 1: Todesursachen

Wikelski M. (o.J.): Neue Daten zu den Wanderungen europäischer Tiere. Pfeil Verlag. URL: https://www.pfeil-verlag.de/wp-content/uploads/2017/11/5_30_03_WI.pdf. Seite 17. (19.6.2022)